李康昨

毕业于韩国首尔大学森林资源专业，常年参加社会公益活动。作为韩国国际合作团和联合国开发计划署（UNDP）的志愿者，李康昨曾前往菲律宾和马尔代夫，与当地群众一起开展了植树活动。现任韩国首尔儿童大公园的园长，为小朋友们在城市中建造都市森林。

李承源

主攻美术专业，毕业后一直从事童书绘本插画创作。李承源喜欢去森林悠闲地散步，经常细心观察躲在森林各处的小动物。每次森林观察结束后，他都会将自己遇见的美丽自然画出来，并且编成一个个生动有趣的小故事。目前，他已创作了十来部著名的童书绘本。

这本书有 7 个有趣的部分哦！

你好啊森林	最让人好奇的森林之谜
相遇了森林	森林的世界原来如此啊
好奇呀森林	森林的秘密快来看这里
惊讶咯森林	森林的那些“不可思议”
思考吧森林	森林啊森林我想研究你
享受吧森林	林间有许多有趣的游戏
保护它森林	珍贵的森林我来保护你

神奇的自然学校

森林的秘密

（韩）李康旿 著

（韩）李承源 绘

珍 珍 译

辽宁科学技术出版社

·沈阳·

森林是怎么来的呢？

森林是人类
创造出来的吗？
生活在森林里的各种
生物经过漫长的岁月一起
创造出了森林。所以，这
里的动物、植物和人类都
是森林的主人。

来森林里玩儿吧！

走进森林，试着深呼吸。
哇，空气好清新啊！

这都是多芬精的功劳！
不是多芬精，应该是芬多精。

姐姐，你不是很聪明吗，怎么连芬多精都不知道？
哼！你以前不是也不知道吗？你不知道芬多精对身体很好吧？

什么？什么浴？来森林里洗澡吗？
哎哟，不是洗澡，是森林浴！
因为芬多精，人们才会来做森林浴呀。

哈哈，森林浴是指站在森林中呼吸新鲜空气，或者在森林中漫步。
爸爸，那是什么声音？

啾啾——
叽叽喳喳——
咕咕——
森林里的动物朋友在欢迎我们呢.
真的吗?奶奶,你能听懂鸟叫吗?
我们尽量小点儿声说话,别吓到森林里的小动物.
嗯,说得对!
奶奶能听懂吗?姐姐也能听懂吗?为什么只有我听不懂?
哈哈——
嘻嘻——

走在森林里，深吸一口气，整个身体都沐浴在新鲜空气中。周围全都是茂密的树木。

阳光洒向森林，在地面上留下斑驳的树影。林荫路旁长满了绿油油的小草。森林里到处都是生机勃勃的绿色。

森林的地面上铺满了树枝和落叶，下面长满了小草和苔藓，所以森林的地面踩上去松松软软的。

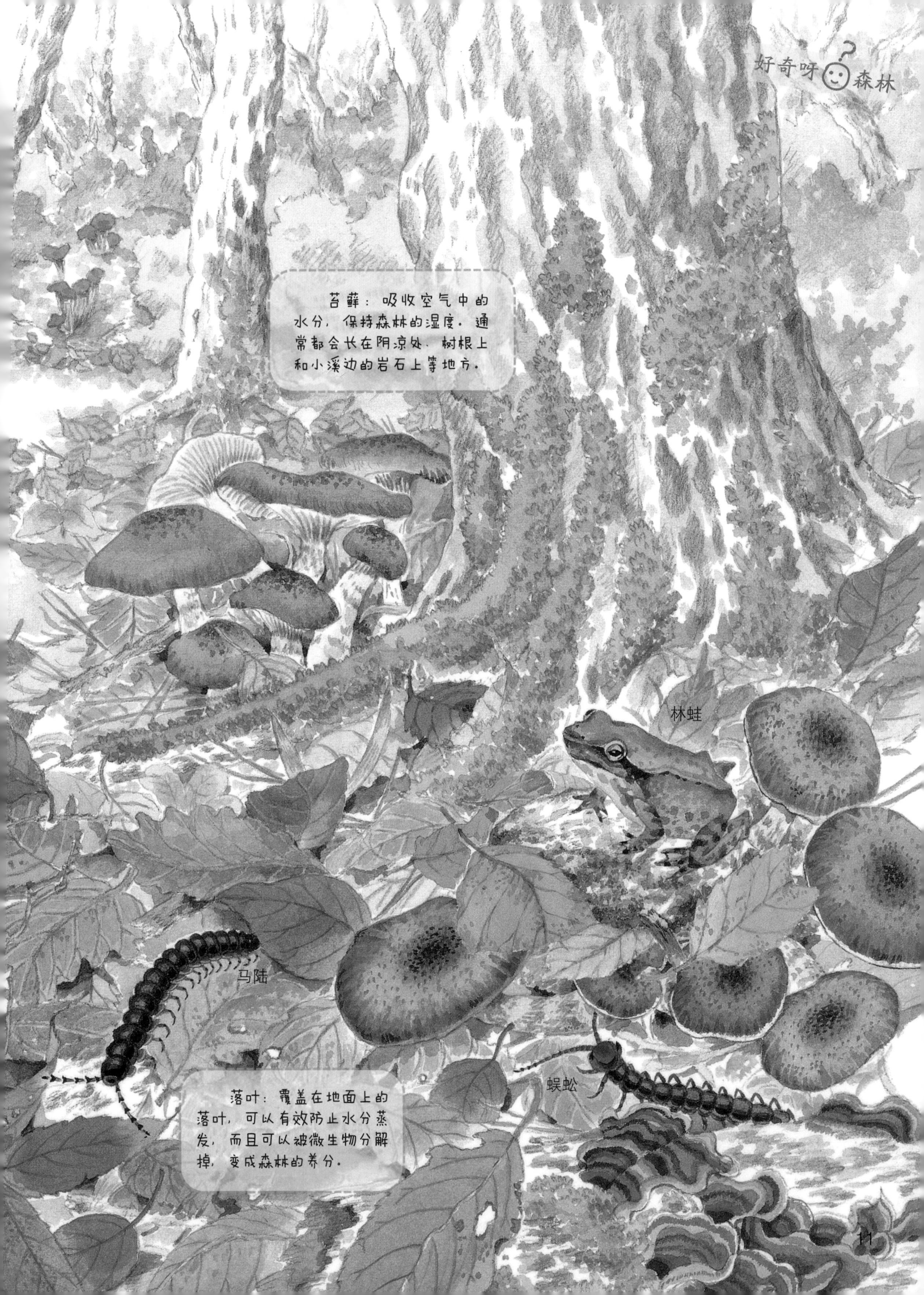
苔藓：吸收空气中的水分，保持森林的湿度。通常都会长在阴凉处、树根上和小溪边的岩石上等地方。
林蛙
马陆
蜈蚣
落叶：覆盖在地面上的落叶，可以有效防止水分蒸发，而且可以被微生物分解掉，变成森林的养分。

刺槐
槐树的花粉非常多，通常是靠风来授粉的。
风：可以帮助植物散播花粉和种子，还可以帮助森林调节湿度。
野蔷薇

走在森林里，能够感受到温暖的阳光在抚摸着脸庞。森林里的生物离不开阳光。光照的强度和时间都会影响植物生长。花开以后，花粉、花香和种子都会随风飘散到远方。

大树会吸取太阳光的能量，把二氧化碳和水变成养分，同时释放出氧气。这就是神奇的光合作用。
灰头绿啄木鸟
蝴蝶：蝴蝶落在花朵上吸食花蜜的时候，花粉就会沾在蝴蝶身上。带着花粉的蝴蝶在花丛中飞来飞去，帮助花朵完成了授粉。
鼯鼠
黄喉貂：长得有点儿像黄鼠狼，身上的毛色比较鲜艳。虽然腿比较短，但爬树的本领可不差哦！
蝽象：以吸食植物的汁液为生。

白天的森林生机勃勃。植物在阳光下努力地生长，毛毛虫大口大口地吃着树叶。蝴蝶和蜜蜂在花丛中飞舞，鸟儿也在愉快地歌唱。啄木鸟笃笃笃、笃笃笃地敲着树干，鼯鼠在树枝间忙碌穿梭。黄喉貂追逐着小鸟，在林间敏捷地奔跑。

夜幕降临，森林里渐渐变得一片漆黑。很多动物都进入了梦乡，但并不是整个世界都睡着了。

白天藏在树叶下面休息的飞蛾和躲在山洞里睡觉的蝙蝠，到了夜晚都会飞出来活动。鼯鼠在树枝之间飞来跳去。猫头鹰站在树上瞪大了眼睛，偶尔会叫几声。野猪和原麝趁着夜色走进草丛里开始觅食。

红角鸮：在树洞里筑巢生活，很爱叫，叫声像蟾鸣。

原麝：俗称香獐子，长得很像鹿，但公麝头上没有角。原麝有犬牙，夜间出来吃草。

森林中隐藏的动物痕迹

森林里的动物并不是随处可见的，许多动物都会给自己找一个安全的地方藏身。如果仔细观察不难发现，森林中处处都有动物留下的痕迹。树叶上弯弯曲曲的缺口或者小洞，大多是被昆虫啃出来的。如果橡子上有个洞，那可能是有昆虫在里面产卵。如果某处的树叶上沾满了动物的毛，就说明有动物经过了这里。泥土和雪堆里也时常藏着动物的脚印。

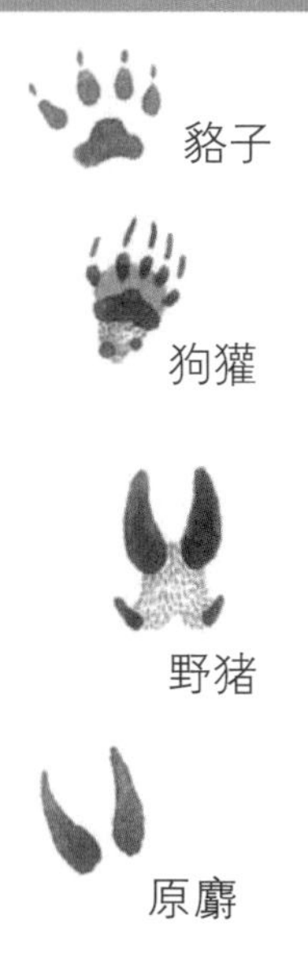

到底什么是森林?

森林是以木本植物为主的植物群落,“森林”两个字里有5个“木”。

无论是在城市的公园里还是小村庄的后山上,我们都能找到许多树木。一小片树木生长在一起就有了树林。大片的树林茂密丛生,就形成了森林。

经过科学研究,森林内部与外部的温差竟然高达3~7℃。一片生长茂密的树林是否可以称为森林,温差是十分重要的判断标准。

城市里的小树林：

城市的许多街道两旁都种着树木。公园里也常常能见到小片的树林。这些树能够阻挡紫外线和灰尘，也能给在城市里生活的人们提供一小片绿色的休息空间。

山茶树林：

山茶树林每年都会开出大片大片漂亮的花朵。

山神庙：

在古代，人们认为山林是很神圣的地方，因此在山林里建造了山神庙用于祭拜山神。

生长在山上的树林，通常叫作山林。

森林是怎么来的?

郁郁葱葱的森林并不是一开始就存在的。最初可能只是一片寸草不生的荒地，有的种子乘风而来，有的种子被松鼠这样的小动物搬来并“藏”起来，还有的种子随着小鸟的粪便掉落下来。

这些经历过各自不同旅程的种子，在阳光的照射和雨水的滋润下，开始在自己的“新家”生根发芽。于是这片土地开始生机勃勃，开始铺满绿色。

贫瘠的土地在有了植物生长之后，也会慢慢变得肥沃起来。

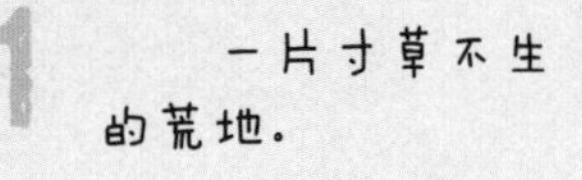

1 一片寸草不生的荒地。

2 出现一些地衣类植物紧贴地面生长蔓延。

3 有些潮湿阴暗的地方开始长出苔藓。

4 接下来，会慢慢出现一些生命周期为1～2年的草本植物。这些草本植物死后会在土壤中慢慢分解。土壤吸收了养分，逐渐变得肥沃了。

5 土壤渐渐肥沃以后，也给生命周期比较长的草本植物和树木带来了生机。

森林也会变吗？

经历漫长的岁月，森林的样子也在慢慢发生着变化。

茂密的草丛里终于开始有树木生长。松树类针叶树是最先生长出来的。松树渐渐长大成荫，树荫下就开始长出叶子比较大的枫树。接下来，慢慢出现了栎树和桦树一类高个子的树木，最后许许多多的树木终于聚集成了茂密的森林。

随着时光的流逝和环境的变化，不断有年轻的树长出来，也有年迈的老树死去。森林里的动物也在一代一代地繁衍生息。看起来一成不变的森林，其实一直在不断更新着自己。

6 最先出现的树木是松树。松树可以在贫瘠的土地生根发芽，也可以忍受强烈的光照，茁壮生长。

7 松树长大后形成了树荫。因为树荫下缺少太阳光照，小的松树无法生长。

8 但是，有些阔叶树能够在阳光较少的树荫下生长，比如花曲柳、枫树和蒙古栎等。树上的嫩叶、嫩枝和果实吸引了松鼠和小鹿等动物来觅食和安家。

9 若干年后，阔叶树替代了松树成为这片森林的主角。随着时间的推移，栎树和桦树这类高个子的树越长越高大，占领了森林的大部分空间。

森林隐藏着自己的规律

站在森林里环顾四周，你会发现各种各样高高矮矮的树。

有些个子矮矮的小树，看起来就像幼儿园的小朋友。有些个子很高的树，看起来就像童话里的巨人。

森林里的树看似毫无规律地肆意生长着，其实，森林藏着自己的规律。

4层 森林顶层：森林的最顶层生长着桦树和栎树等高个子的大树。它们的身高可达25米以上。

3层 森林中层：像桑树、樱树等高达10～15米的树，形成了森林的中间层。

2层 矮树层：杜鹃、月季和迎春花等个子比较矮小的灌木都生长在这一层。

1层 草本层：小草、苔藓和蘑菇等通常生长在地表附近。

地下层：树根和草根扎在土壤中，又深又牢固。

森林的四季千差万别

在不同的季节里，森林的环境截然不同。

森林里的光照强度、温度、湿度、风等都会随着季节变化。

树木会在不同的季节换上各自的“新衣”，动物之间有的互相帮助，有的激烈竞争，各自为生存而努力着。

春夏秋冬，森林不断变换着自己的样子，顽强地生存着。

夏：生机勃勃的森林

夏季阳光充足，森林里的小草和树都在水分的滋润下茁壮生长。小鸟欢快地歌唱，小溪潺潺地流淌。

春：苏醒的森林

温暖的阳光会将冰冻的小溪和土壤解冻。冰雪融化流淌，树根开始吸收水分。随着春风吹来，树的枝叶也舒展丰满起来。

秋：丰收的森林

夏天绽放出美丽花朵的树木到了秋天慢慢结出丰硕的果实，绿油油的树叶开始枯黄，一片片掉落。许多动物为了过冬开始吃掉并储藏大量的果实。

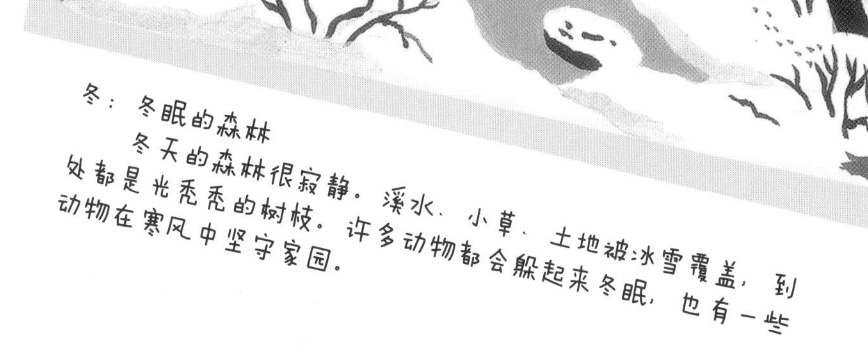

冬：冬眠的森林

冬天的森林很寂静。溪水、小草、土地被冰雪覆盖，到处都是光秃秃的树枝。许多动物都会躲起来冬眠，也有一些动物在寒风中坚守家园。

昆虫怎么过冬呢？

锹甲、独角仙、蝉等昆虫是以虫卵、幼虫或蛹的姿态躲在树叶或树根里过冬的。

瓢虫、椿象、蛞蝼等昆虫，会躲藏在落叶堆或土里过冬。层层叠叠的落叶是安全的藏身处，也是温暖的“被子”。

德国的黑森林

黑森林位于德国西南部，是南北长160千米、东西长60千米的一片大森林。由于森林里树木茂密，远看是一片黑色，因此得名“黑森林”。茂密的黑森林里有的地方树木的间距很小，以至于抬头时很难看到天空。

印度尼西亚的红树林

红树林一般生长在陆地与海洋交界带的浅滩，是陆地向海洋过渡的特殊生态系统。红树林的根系发达，能在海水中稳固生长，因此能够有效抵挡海啸的侵袭，避免陆地遭受严重的灾害。

红树林也是许多海洋生物的乐园，很多鱼类选择在这里繁殖。海鸟会来这里觅食，渔民也会来这里捕捞。

地球上的森林

地球上有许多不一样的森林。

有的地方全年酷暑高温、雨水丰沛，也有的地方常年冰雪覆盖、寒风刺骨。在这些气候极端的地区，也有森林。有的森林是人工森林，也有的森林是人迹罕至的原始森林。

每一片森林在不同的环境中努力生长，各自展示着自己独特的魅力。

俄罗斯的西伯利亚泰加林

泰加林的特点是夏季短暂而温凉，冬季漫长而寒冷，大部分时间大地封冻。在阳光和养分都很稀缺的西伯利亚土地上，植物生长期较短，多数是能够抗旱耐寒的针叶树，所以泰加林是世界著名的针叶林。

巴西的亚马孙热带雨林

热带雨林离赤道很近，一年四季丰富的降雨量使雨林生长得特别茂盛。亚马孙流域的热带雨林大部分位于巴西境内，是世界上最大的雨林。热带雨林里树木茂密，动植物种类繁多，是一个十足的动植物王国。亚马孙热带雨林产生的氧气占全球氧气总量的十分之一，因此被称为“地球之肺”。目前仍有一些原始部落在这里生活，热带雨林中还有很多种叫不出名字的动植物等待着人们去探索。近些年来，由于人们开发不当和保护不利，热带雨林的面积正在以惊人的速度缩小。

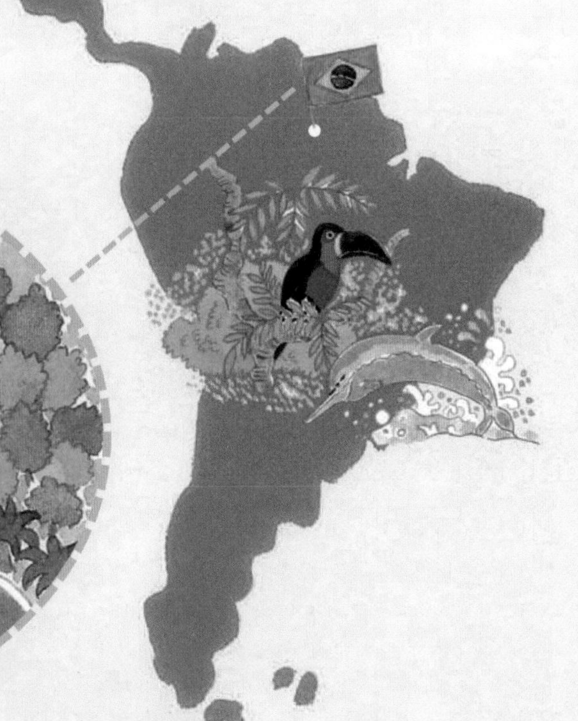

森林是地球的肺

站在森林里深吸一口气，你会感觉全身都被清新的空气包围，心情也会变得舒畅愉悦。

这是因为森林里充满了又干净又新鲜的氧气。森林里的植物白天在阳光的照射下不断地吸收二氧化碳并释放氧气，供地球上的生物呼吸。

高楼林立的城市，市区温度高于周围的城郊地区，这就是“热岛效应”。如果城市中多一些树林，就可以缓解“热岛效应”带来的高温燥热。

森林是地球的空调

炎炎夏日，走进森林会觉得很凉爽。

白天，森林里的植物在阳光的照射下，会通过叶子散发水蒸气。水蒸气蒸发就会吸收热量，因此周围的温度就会降低。

森林散发的大量水蒸气上升到空中会聚集成云朵，最终又以降雨的形式重回大地。

生长在森林里的树，会把树根牢牢扎进土里。树根之间相互缠绕，起到了固定土壤的作用。因此，即使下大雨，树也不会轻易被冲倒，水土也不会轻易流失。

森林对雨水有净化作用。降落到林间地面的雨水慢慢渗入地下，经过土层和岩石层的过滤，带着丰富的矿物质，重新变成干净、清澈的水。

森林是巨大的秘密水库

走进森林，总是可以发现潺潺流淌的小溪。溪水是从哪里来的呢？答案是：雨水。在少雨的季节里，林间小溪也不会轻易干涸。这是因为，森林本身就是一座巨大的秘密水库。

在森林的泥土里，生活着许多蚯蚓和甲虫。它们在土里钻来钻去，森林的土层就会产生很多缝隙。森林里的雨水会渗入地下，储存在这些缝隙里。土壤中大量的水分最终会顺着地势一点一滴地汇入小溪。

森林里的食物链

① 森林里生长着树和草。

② 兔子或原麝等食草动物以吃草、树叶、树根、果实为生。

③ 狗獾和野猪等杂食动物和老虎这样的食肉动物会吃掉果实或食草动物。

④ 森林里生活的绝大部分动植物最终都会在森林中结束自己或长或短的一生。大部分动植物被分解掉，回归到森林的泥土中，成为新的养分，滋养其他生物。

正在消失的森林

每一天，我们的森林都在悄悄消失。人类为了采伐木材，开垦田地，开发牧场和采矿等，几乎每天都在破坏着森林。如果森林消失，许多动物的家园都将不复存在。

一起来和森林做游戏吧！

经常走进森林去亲身感受，是了解森林的最好方式。亲眼所见和亲身体验可以让我们直接感受到真实而美好的大自然。亲自去探寻森林的秘密也会使我们更加珍惜身边的森林。

踩！光脚体验泥土

找一条石子比较少的林间小路，和家人或者朋友一起脱掉鞋袜，试着光脚踩在地上，去感受森林吧！大家可以站成一排，一个搭着一个肩膀，只要排头的那个人睁眼看路，其他人都可以闭上眼睛。用自己的脚去感受森林的泥土吧！

看！森林是个空调

在阳光充足的地方，找一根叶子比较茂盛的树枝，套上一个透明的塑料袋，系紧。过一小段时间再来观察，你就会发现塑料袋的内壁上挂满了小水珠，这是由树叶里蒸发出来的水蒸气凝结而成的。水蒸气蒸发到空气中会吸收热量，周围的温度就会随之下降。

量！森林的温度

一起来测量森林的温度吧！准备一个悬挂式温度计，测量并记录森林外面的温度。进入森林后，把温度计挂在树枝上，耐心等待并对比温度计上的数字，就会发现森林里的温度比较低。这是植物的蒸腾作用造成的。植物散发水蒸气时降低了森林的温度，而且成片的树荫也会让森林变凉爽。

闻！森林香气独特

随意找一片新鲜的树叶，闭上眼睛闻一闻它的味道。再试着找找看，附近有没有相同味道的叶子。香蜂草和紫苜蓿等植物都有各自独特的香气，如果将这些植物分别放进不同的纸盒里，就更加便于区分它们的气味了。

守护森林 从我做起

森林正在从我们的地球上悄悄消失。为了保护珍贵的森林，我们能做些什么呢？

经常走访森林

有时间经常去森林里感受大自然吧。亲近自然可以使我们不知不觉地更加关注森林。但是要注意，森林里有些地方是保护区，保护区是不得随意入内的哦！

观察森林生物

走进森林，静静地观察林间的花草和果实，倾听鸟儿的歌唱吧。可不要随便伸手去摸植物或者摘果子吃哦。有些植物为了自我保护，身上可能会带有毒素呢！

尊重森林动物

如果陌生人随便摸你，你一定会不高兴吧？森林里的动物也是一样。像蜗牛和蚯蚓这样体温较低的小动物，可能会被人类的体温烫伤哦！

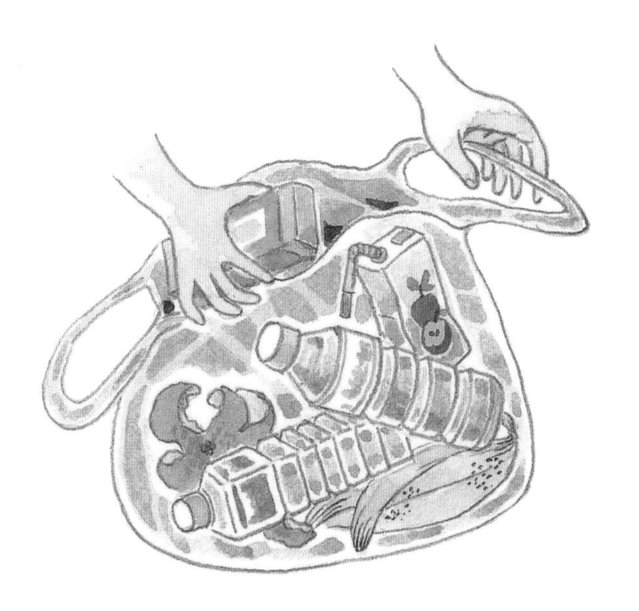

不要乱扔垃圾

大森林无私地给我们提供着新鲜的氧气和洁净的水，努力维持着整个地球的“呼吸”。而人类却给森林丢下了许多无法降解的垃圾，严重影响着森林动植物的安全和健康。

增强防火意识

森林的植被以易燃的树木为主，因此在森林附近要有极强的防火意识。森林一旦着火，许多千百年的老树都难逃一劫，火势难以控制，可能整片森林都会被火海吞没。因此，除了指定场所以外，千万不要随意在森林里点火哦！

游玩时别吵闹

在森林里游玩或欣赏风景的时候，尽量不要大声说话或者吵闹，以免惊吓到附近的小动物或者打扰它们休息。对动物来说，森林是它们的家。你也一定不喜欢自己家里有一位吵闹的客人吧！

植树也很重要

地球上大部分森林是自然生长而成的。但是在森林不断遭到破坏、森林面积急速缩小的今天，植树造林也是有效的拯救办法之一。每年的春季，去参加学校或者社区举办的植树活动吧。爱护森林，人人有责。

作者说

古时候的人们对森林充满了敬畏。森林里的许多猛禽野兽让人望而却步。住在山林附近的人们需要去林里打猎、摘野果、打水、砍柴等，因此即使害怕，有时也不得不前往山林深处。所以，那时的人们在经常出入的山林里建造了一些山神庙，来祭拜自己信奉的山神，祈求保佑，也向大自然表达感恩之心。到了现代，人们已经通过科学探索，对森林有了更多、更深入的了解。森林除了给人类提供丰富的食物和木材以外，还源源不断地向大气中释放着新鲜的氧气，默默净化着水资源。城市周围的森林有效减少了沙尘暴对城市的侵害，海边的红树林也弱化了海啸的侵袭。所有的这些，都让我们怀着一颗对森林感恩的心。

去森林里走走吧！看看林间跳跃的小松鼠，拨开地上的树叶，能够找到爬来爬去的各种小昆虫和刚刚长出来的小嫩芽。感受散落在树叶缝隙的一束束阳光和抚过脸颊的微风，你会从所有的这一切中体会到森林的活力与朝气。

森林并不是静止的。森林里的各种动物生生不息、世代繁衍，大树和小草也都茁壮生长。有的动物之间会争锋决斗，有的也会互助共生。

现代社会中，越来越多的人从早到晚离不开手机和电脑。未来的社会我们很有可能将与人工智能机器人生活在一起。即使在被高科技包围的社会里，人类也离不开森林。因为，地球生物维持生命所必需的氧气几乎都来自森林。然而现在依然有人认为，森林的存在无关紧要，可以任意开发利用，导致许多森林都遭到了严重破坏。所以从现在开始，我们一定要懂得珍惜、用心去保护森林。

让我们从现在开始行动起来吧！

李康昨

图书在版编目（CIP）数据

神奇的自然学校.森林的秘密/（韩）李康昨著;（韩）李承源绘；珍珍译.—沈阳：辽宁科学技术出版社, 2021.3
ISBN 978-7-5591-0825-8

Ⅰ.①神… Ⅱ.①李… ②李… ③珍… Ⅲ.①自然科学—儿童读物 ②森林—儿童读物 Ⅳ.①N49 ②S7-49

中国版本图书馆CIP数据核字（2018）第142354号

出版发行：辽宁科学技术出版社
（地址：沈阳市和平区十一纬路 25 号 邮编：110003）
印 刷 者：凸版艺彩（东莞）印刷有限公司
经 销 者：各地新华书店
幅面尺寸：230mm × 300mm
印　　张：5.25
字　　数：100 千字
出版时间：2021 年 3 月第 1 版
印刷时间：2021 年 3 月第 1 次印刷
责任编辑：姜　璐　许晓倩
封面设计：吴晔菲
版式设计：李　莹　吴晔菲
责任校对：闻　洋　王春茹

书　　号：ISBN 978-7-5591-0825-8
定　　价：32.00 元

投稿热线：024-23284062
邮购热线：024-23284502
E-mail：1187962917@qq.com